아빠, 건축이 뭐예요?

아빠, 건축이 뭐예요?

만화로 보는 건축 이야기

차태권 글 | 이봉섭 구성·그림

차례

여는 글 한국 건축의 미래를 위하여   7

건축이 뭔지, 아빠가 들려줄게!   13
1. 건축의 3대 요소   19
2. 건축의 시작   27
3. 건축의 발전   35
4. 아름다움을 위한 건축 - 그리스 건축   47
5. 실용성을 위한 건축 - 로마 건축   59
6. 새로운 종교를 위한 건축 - 로마네스크 건축   67
7. 신의 창조가 계속되는 건축 - 고딕 건축   81
8. 누구를 위한 건축인가? - 르네상스 건축   91
9. 혼란의 시대, 무엇을 위한 건축이었나? - 바로크 건축   103
10. 근대로 넘어가는 전환기 건축   115
11. 근대(모더니즘) 건축의 태동   125
12. 지역주의, 포스터 모더니즘, 다양한 '-ism' 건축   135
13. 뿌리 깊은 전통 건축 탐구   151
14. 콘크리트보다 친환경 재료!(Less Concrete, More Earth)   171

후기 이제 건축 얘기가 나오면, 가만히 계실 수 없을 겁니다   187

여는 글

한국 건축의 미래를 위하여

대학 시절 이야기입니다.
군에서 제대하고 복학해서 건축 설계 수업 첫 시간이었습니다. 교수님께서 한 친구를 지명해 물어보셨습니다.
"학생 집이 어디야? 학교까지 오는 길에 어떤 건물이 있었어? 언급할 만할 건물이 있었나?"
그 친구는 아무 대답도 못 하고 머뭇거렸습니다.
"평소에 볼 만한 게 많이 있어야 해. 좋은 건물을 많이 봐야 좋은 설계도 할 수 있어."
아주 오래전 일인데 교수님 말씀이 아직도 생생히 기억납니다.
그 시절과 비교하면 요즘 주변에 건물은 엄청나게 많아졌지만, 여전히 좋은 건축은 그리 많지 않습니다.

오늘날 한국 문화의 여러 부문은 세계적 수준으로 성장했고, 일부 분야에서는 세계를 주도하고 있으나 유독 '종합 예술'이라는 건축만은 후진국 수준에 남아 있습니다. 그 원인은 무엇일까요? 선도적인 천재 건축가가 없기 때문일까요? 법과 예산 관련 제도에 문제가 있는 걸까요? 교육 수준이 낮거나 건축주의 인식이 부족하기 때문일까요?

한국 건축에는, 근대화 이후 많은 논의가 있었지만, 지금까지도 세계 건축계에 '이것이 한국 건축이다'라고 말할 만한 정체성이 없습니다. 일본 건축과 비교하면 그런 현상은 더욱 뚜렷합니다. 일본은 근대화 이후 서구 건축을 전면적으로 받아들였지만, 일본 건축가들은 이런 상황을 극복하려고 '메타볼리즘'이라는 실험적이고 독창적인 건축을 시도했습니다. 공공 분야뿐 아니라 일반 건축주들도 이런 시도를 수용하고 후원했습니다. 그후 일본 건축은 메타볼리즘 건축이 세대를 이어가며 일본 국경을 넘어 세계 건축의 흐름을 이끌고 있습니다. '건축계의 노벨상'이라고 부르는 프리츠커상을 받은 일본 건축가는 열 명이나 됩니다. 안타깝게도 우리나라에는 이 상을 받은 건축가가 단 한 명도 없습니다.

2012년 중국 건축가 왕슈(王澍)가 프리츠커상을 받자, 우리나라 국토교통부는 한국도 이 상을 받도록 건축가를 양성한다는 프로그램을 발표했습니다. 국가가 젊은 건축가를 선정해서 외국의 유명한 건축가 사무실에서 연수하도록 체류비와 경비를 지원한다는 내용이었습니다. 과연 이런 대책이 한국 건축을 한 걸음 앞으로 나아가게 할 수 있을까요?

오늘날 한국의 건축은 정부기관의 허가를 받기에 유리한 건축에만 집중하거나, 건축을 문화보다는 건설과 부동산의 관점에서 바라보는, 디자인 수준이 낮은 획일적인 형태의 건물이 많은 것이 현실입니다. 전국 어디를 가나 스카이라인을 파괴한 아파트에 압도당한 경험이 여러분에게도 있을 겁니다. 5년제 건축대학이 생겼지만, 교육 기간만 늘었을 뿐 수준이 높아진 것 같지도 않습니다. 새로운 건축에 대한 수용력도 부족해 실험적인 건축을 거의 볼 수 없습니다. 이처럼 문제는 복합적입니다.

유럽을 여행하면서 르네상스 시대 건축물들을 둘러보다가 의문이 생겼습니다. 고대 로마가 멸망해 사라진 지 천 년이 지났는데, 어떻게 고전의 부활을 외치는 르네상스 운동이 일어나고, 르네상스 건축이 발전할 수 있었을까? 당시 군주들은 비록 정치적 목적이 있었다고는 해도, 인문학자, 예술가, 건축가를 적극 후원했습니다. 그들의 후원이 없었다면, 오늘날 우리가 보는 유럽의 풍경은 사뭇 달랐을 겁니다. 오늘날 언어로 말하자면 '건축주'인 군주들은 재능있는 건축가를 직접 발굴하고 교육하고 후원해서 결국 대가(大家)로 만들었습니다. 한

나라의 건축 문화는 천재적인 건축가 한 사람이 이루는 것이 아니라 그 사회의 모든 자원을 동원하고, 후원하고, 지지해야 꽃피울 수 있습니다. 그래서 '건축은 그 시대를 반영하는 거울'이라고 말하곤 합니다. 이처럼 한국 건축의 르네상스를 위해서는 국가든, 지자체이든, 개인이든, 좋은 건축주가 많아져야 합니다. 그러려면 무엇보다도 국민이 건축을 사랑하고, 좋은 건축을 알아보는 안목을 갖춰야 합니다. 특히 어린 시절부터 이런 감각을 기르고 지식을 갖추는 일은 매우 중요합니다.

저 자신도 실무를 하면서 건축의 기본을 잊고 겉모습에만 치중한 디자인을 하기도 했습니다. 그래서 건축의 기본을 다시 생각했습니다. 인간은 요람에서 무덤까지 건축이 만든 환경에서 살고 영향을 받습니다. 그래서 건축을 '제2의 자연'이라고도 합니다. 하지만 현대는 콘크리트 건축이 원래의 자연을 훼손하고 기후변화를 일으키는 주 요인 중 하나가 됐습니다. 그래서 기후변화를 염두에 둔 미래의 건축도 생각하게 됐습니다.

이 책은 그야말로 '아이부터 어른까지' 건축이란 무엇이고, 그 역사는 어떤 것이며, 어떻게 건축의 미래를 구상해야 할지, 누구나 쉽게 이해할 수 있게 만들었습니다. 읽어보면 아시겠지만, 쉬워도 내용의 충실함과 전문성에 아쉬움이 남지 않도록 아주 꼼꼼히 살폈습니다.

이 책은 건축가의 글을 화가가 만화로 재창조한 결과물입니다. 어느 주제나 마찬가지겠지만, 건축 분야도 지식만을 나열한 책은 안타깝게도 독자의 상상력을 제한해 책을 바탕으로 많은 것을 얻을 기회를 놓치게 합니다. 하지만 많은 함의와 암시를 담은 그림, 게다가 재미를 담보한 만화는 독자에게 건축에 대한 상상을 부추기고, 이해의 깊이를 더하고, 폭을 넓혀줍니다.

원고를 다듬고 새로운 작품으로 태어나게 해준 이봉섭 작가에게 감사드립니다. 아울러 이 책을 기획하고 조언을 아끼지 않은 이숲 출판사 편집자 여러분께도 감사의 마음을 전합니다.

2024년 초여름
건축사 차태권

건축이 뭔지, 아빠가 들려줄게!

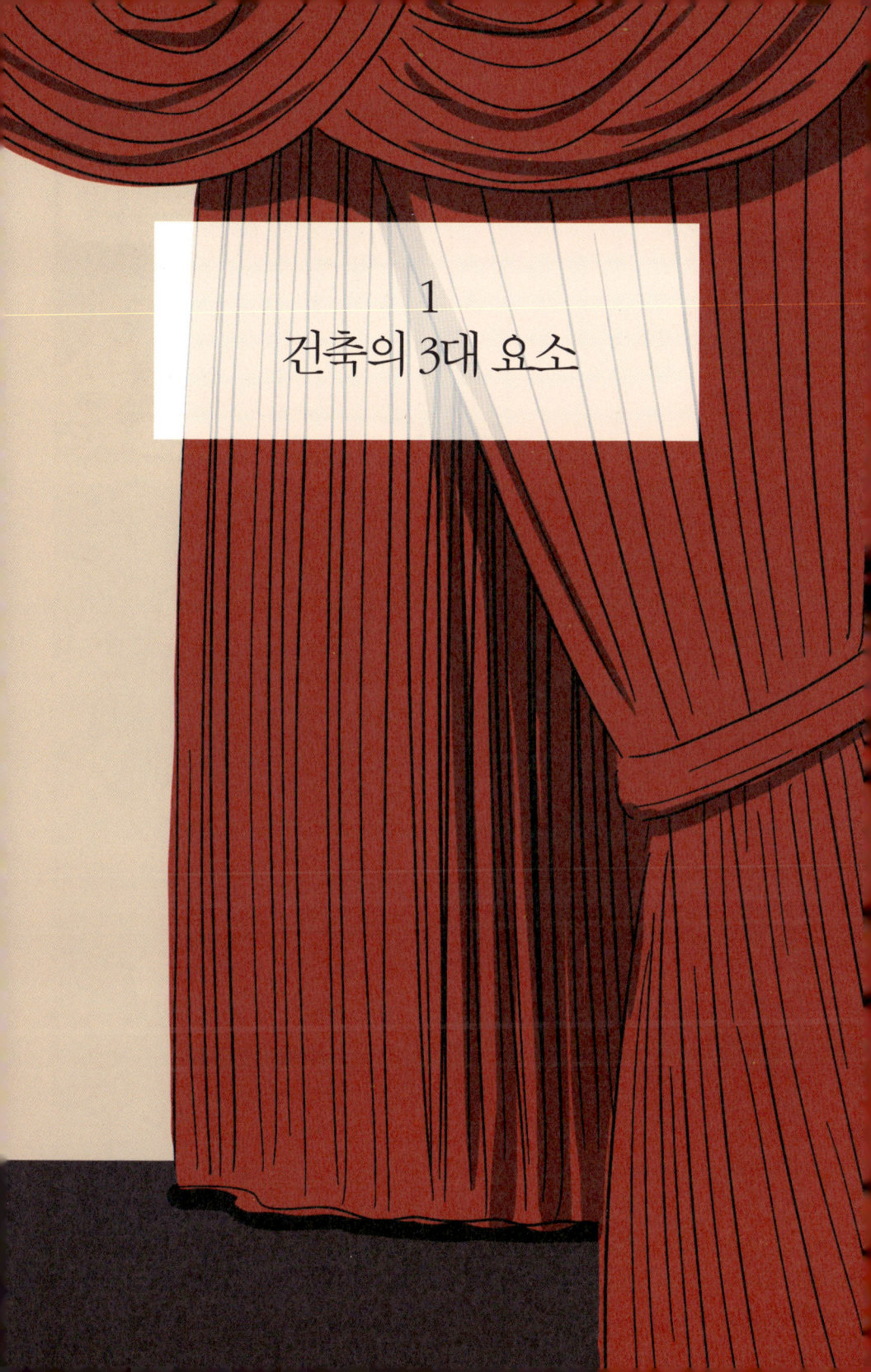

1) 安全率: 차량, 기계 및 구조물의 강도가 안전상 어느 정도 여유가 있는가를 나타내는 계수.

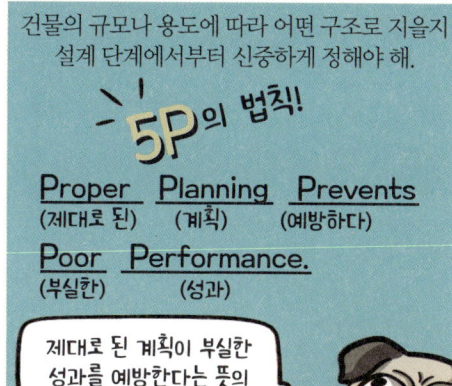

 **토막 건축 상식**

일반적으로 건축 공사비의 30% 이상이 구조 때문에 발생한다. 구조가 복잡할수록 공사비가 증가한다. 건물의 용도와 규모, 형태에 따른 최적의 구조를 찾는 것이 합리적이다.

주된 건축 재료에 따라 나무를 쓰면 '목구조', 벽돌을 쓰면 '조적조', 돌을 쓰면 '석조', 강철을 쓰면 '철 구조', 콘크리트를 쓰면 '콘크리트 구조'로 분류한다. 또한 콘크리트와 철근을 함께 쓰면 '철근 콘크리트 구조'라고 하고, 철골과 콘크리트를 함께 쓰면 '철골 콘크리트 구조'라고 한다. 나무와 콘크리트를 함께 쓰면 '하이브리드 구조'라고 한다. 형식에 따른 분류도 다양하다. 목구조처럼 부재들을 결합하는 방식에 따라 '가구식 구조', '조립식 구조', 콘크리트로 연결 부위 없이 하나로 만드는 '일체식 구조' 또는 '라멘 구조', 강선 같은 철선으로 만드는 '현 구조' 또는 '텐션 구조'가 있다. 아울러 공기막 구조, 트러스 구조, 지오돔 구조 등 다양한 구조가 있다.

2
건축의 시작

남아프리카공화국의 칼라하리 사막에서 180만 년 전 원시인들이 살던 동굴이 발견됐어. 그곳에는 불을 피운 흔적과 그릇 파편, 석기 도구들이 있었지.

알타미라 동굴이나 라스코 동굴에도 BC 12,000~17,000년경에 사람이 살았던 흔적이 남아 있어.

고인돌 가족(The Flintstones, 1960-1966, ABC TV)

2) 中庭 : 집 안의 건물과 건물 사이에 있는 마당. 이 구조에는 외부로 난 창문이 크지 않다.

토막 건축 상식

'ㅁ'자 중정 구조는 오늘날에도 흔히 볼 수 있다. 적으로부터 자신을 보호하기 위해서라기보다 외부 시선을 피해 사생활을 보호하고, 심리적 안정을 유지하는 수단으로도 활용된다.

우리 같은 셀럽에게 꼭 필요한 구조군! 우리에겐 외부 시선이 곧 적이야! 지겨운 파파라치!

셀럽

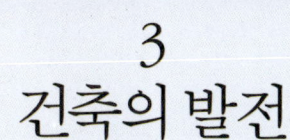

3
건축의 발전

토막 건축 상식

기둥이나 벽을 세우고 지붕을 덮어 실내 공간을 만들 때 기둥이나 벽을 가로지르는 보(樑, beam)가 필요하다. 기둥, 벽, 지붕은 원하는 만큼 크게 만들 수 있지만, 지붕이 누르는 힘을 벽과 기둥으로 분산하는 보는 재료에 따라 그 크기에 한계가 있다. 원시시대에는 합당한 재료가 나무뿐이었다. 그래서 구할 수 있는 나무의 길이에 따라 기둥이나 벽 사이의 간격이 결정됐다. 즉 보의 길이가 실내 공간의 크기를 결정했다.

벽, 기둥, 보, 지붕 중 어느 하나라도 균형을 잃으면 건물은 무너진다. 오늘날에는 과학의 발전 덕분에 안전한 구조를 찾아내지만, 이전 시대에는 경험으로 방법을 찾을 수밖에 없었다.

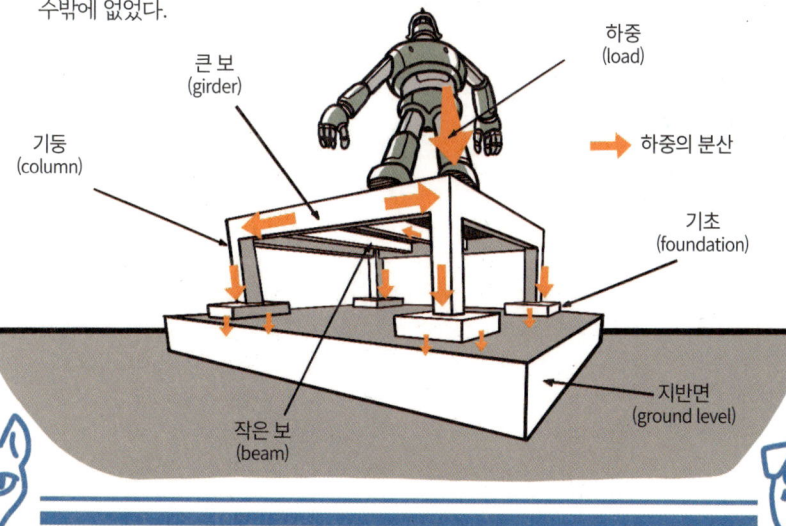

---

3) Göbekli Tepe : BC 9500년경 종교 목적으로 지어진 것으로 추정된다. 튀르키예(터키) 남부 도시 우르파 부근에 있으며, 튀르키예어로 '배불뚝이 언덕'이라는 뜻이다. 유네스코 세계유산으로 등재돼 있다.

토막 건축 상식

건물의 무게와 외부에서 건물에 가해지는 힘은 건물의 구조를 타고 지반으로 전달된다. 지반이 힘을 견디지 못해 꺼지거나 밀리면 건물은 무너진다. 그래서 건물의 무게와 건물이 받는 힘을 견디는 지반이 튼튼해야 한다. 이런 지반의 힘을 '지내력(地耐力, bearing power of soil)'이라고 한다.

견고한 집을 지으려면 무엇보다도 지내력이 좋은 땅을 선택해야 한다. 지내력이 약한 곳은 모래나 돌을 섞어 단단하게 다지는 방법으로 지내력을 높이기도 한다. 건물을 설계할 때 지내력 시험은 필수 요소이다.

4) 引枋樑(lintel) : 창문 위에 건너질러 상부에서 오는 하중을 좌우벽으로 전달하려고 대는 보.

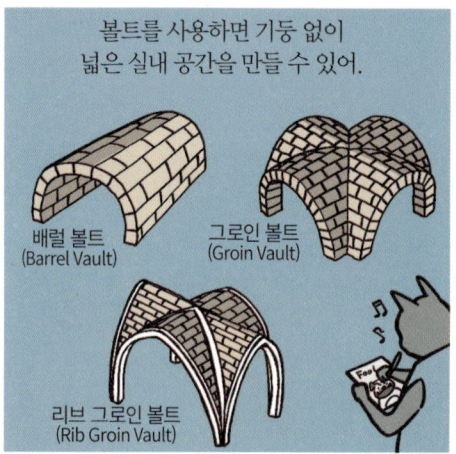

5) Ctesiphon : 이라크의 수도 바그다드에 있는 벽돌 건축물로 건축 시기는 학자에 따라 3세기 혹은 6세기로 추정한다.

4
아름다움을 위한 건축

그리스 건축

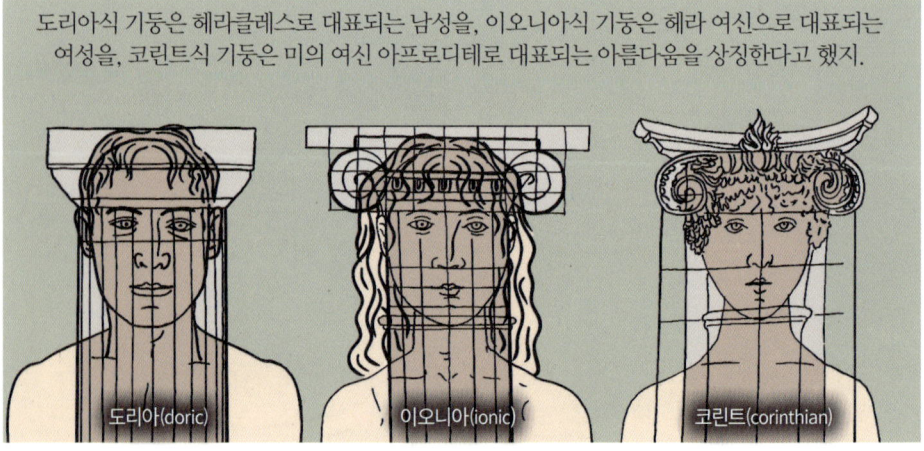

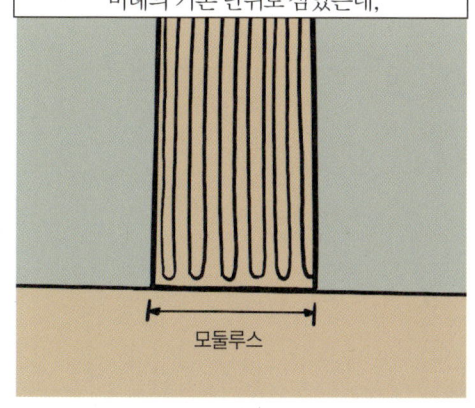

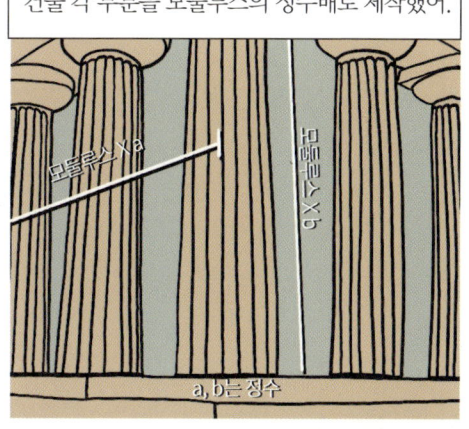

토막 건축 상식

비트루비우스의 『건축 10서』는 로마의 멸망과 함께 사라졌다가 15세기 초 피렌체 인문학자인 포조 브라치올리니가 발견해서 르네상스 건축가들에게 큰 영향을 끼쳤다. 이 책은 역사상 가장 오래된 건축 전문서이다.

1492년 레오나르도 다빈치는 비트루비우스의 인체 비례와 건축의 상관관계를 재해석해 '비트루비안 맨(Vitruvian Man)'을 완성했다.

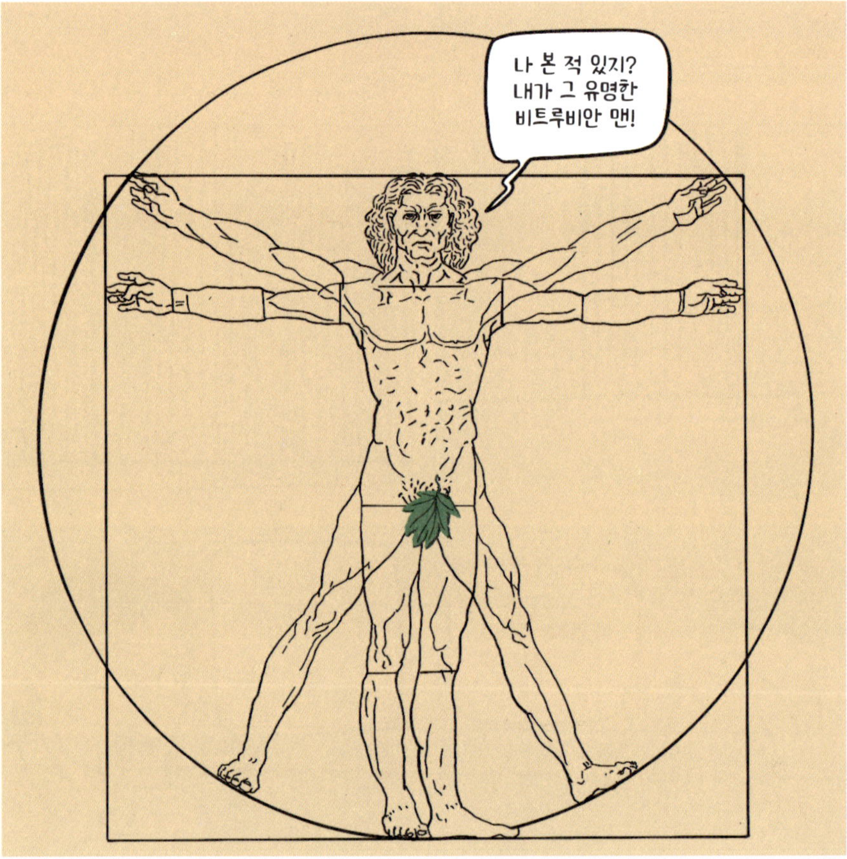

> 나 본 적 있지? 내가 그 유명한 비트루비안 맨!

• 토막 건축 상식 •

그리스의 야외극장도 외부 공간이 건축이 된 사례 중 하나다.
BC 4세기, 에피다우로스에서는 치유의 신 아스클레피우스를 섬기는 신전과 축제를 위한 여러 시설이 건축됐다. 건축가 폴리클레이토스는 언덕 기슭에 1만 3천 명을 수용하는 야외극장을 만들었다. 무대의 작은 소리도 객석 맨 뒷자리에까지 잘 들리도록 좌석 밑에 커다란 항아리 형태의 공명기를 도기로 만들어 설치했다. 최초의 음향 장치인 셈이다.

이 야외극장은 지금도 사용된다. 무대를 중심으로 부채꼴 모양으로 펼쳐진 형태는 오늘날에도 극장 설계에 흔히 적용된다.

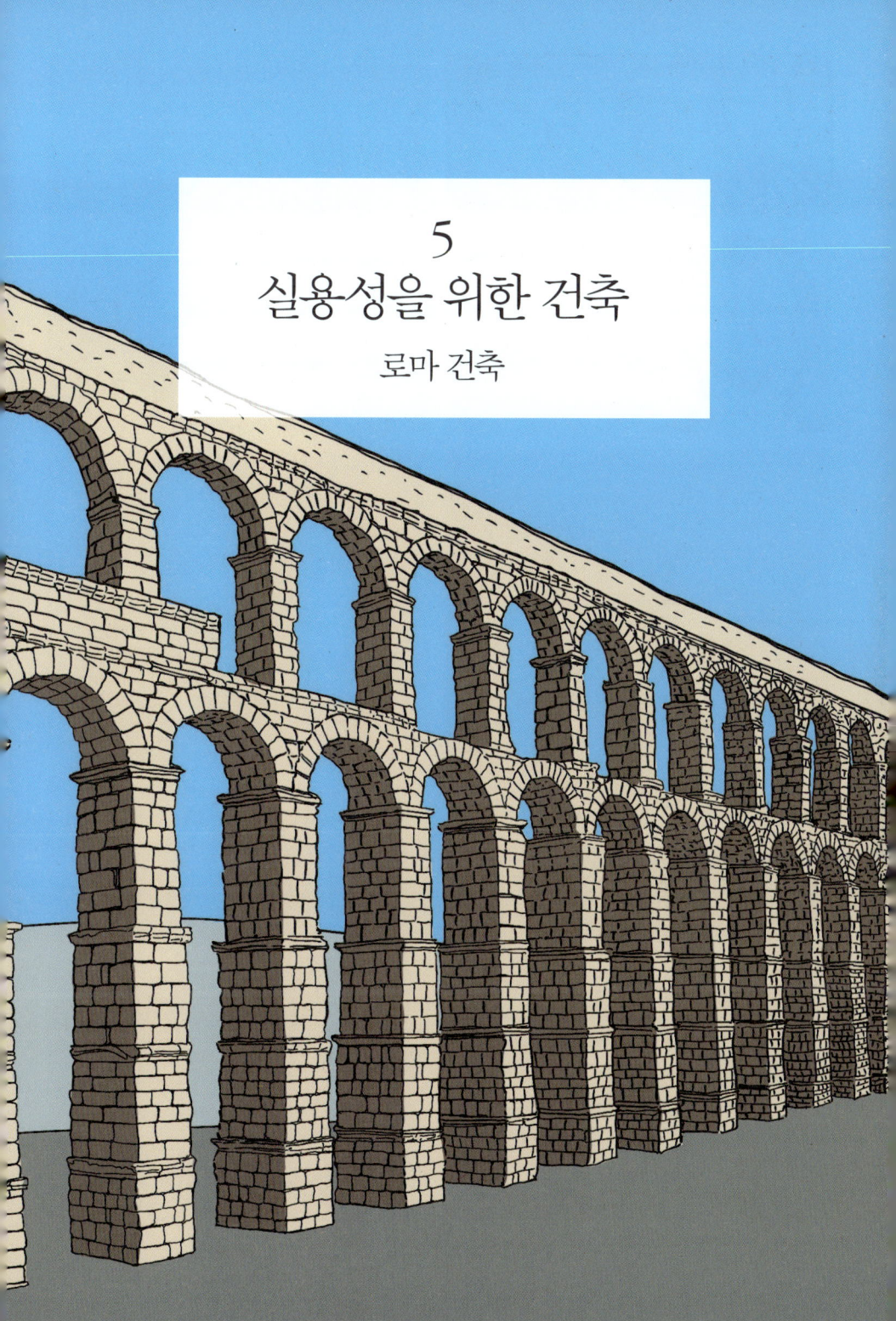

5
실용성을 위한 건축
로마 건축

6) Basilica : 로마시대 재판, 행정, 상업 용도로 사용되던 특정한 형태의 공공 건물.

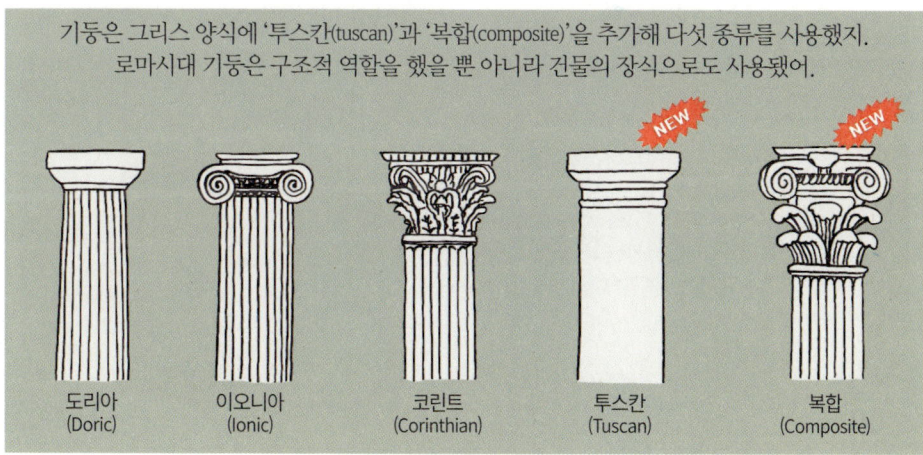

7) Gallia(Gaul) : 현재의 북이탈리아, 프랑스, 벨기에 일대를 말한다.

토막 건축 상식

콜로세움은 외벽이 돌로 돼 있어 석조 건축물로 오해되지만, 아치와 볼트 구조를 갖춘 벽돌, 콘크리트 건축물이다. 철제 꺾쇠로 벽을 튼튼하게 묶어 횡력에 버티게 한 다음, 돌을 외벽에 붙였다.
1층의 도리아식, 2층의 이오니아식, 3층의 코린트식 기둥 역시 구조와 상관없는 장식이다.

이처럼 로마 건축은 실용성에 바탕을 둔 튼튼한 구조물 표면에 그리스 건축의 아름다움을 더했다.

8) Oculus : '눈(eye)'이라는 뜻.

토막 건축 상식

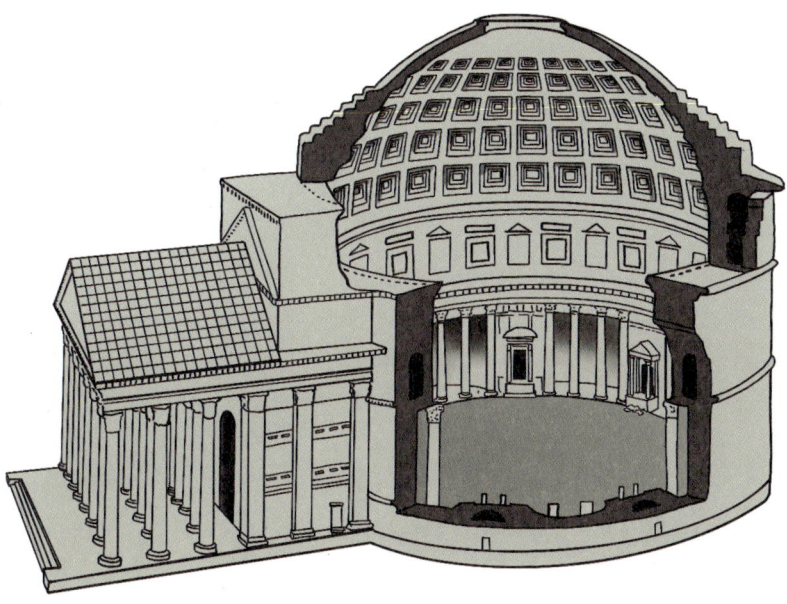

판테온은 건축의 새로운 지평을 열었다.
안에 들어가면 물질이 아니라 기운으로 충만한 공간에 있는 듯한 착각을 불러일으킨다. 규칙적으로 파인 사각 패턴은 공간 속 공간을 만들어 천장 무게를 분산하고, 공중에 떠 있는 것처럼 보이게 한다. 구조, 기능, 미를 갖춘 건축물이 물질성을 초월해 인간의 정신 영역까지도 영향을 줄 수 있음을 보여준다.

철근 하나 없이 천장을 덮은 높이 43.3m의 원형 돔! 이 원형 돔 양식은 르네상스 건축에서 부활하고, 19세기까지 종교 건축의 핵심 요소로 자리 잡았다.

훗날 프랑스, 영국, 독일도 로마 판테온을 본뜬 자신만의 고유한 판테온을 건축했다. 건축 공간을 구상하는 영감의 원천이 된 로마 판테온이 현재까지 잘 보존된 비결은 콘크리트를 건축 재료로 사용한 데 있다고 한다.

6
새로운 종교를 위한 건축
로마네스크 건축

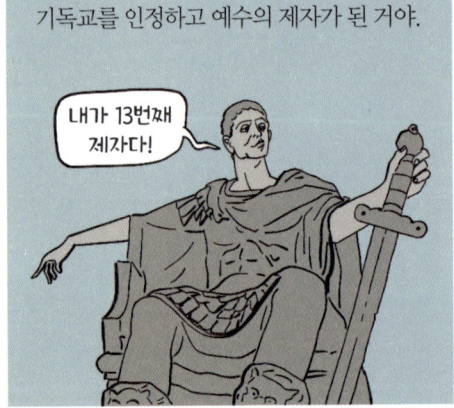

9) Edict of Milan : 로마의 공동 통치자였던 콘스탄티누스 1세와 리키니우스가 313년 밀라노에서 발표한 칙령으로 기독교를 공식적인 종교로 인정한다는 내용이 담겼다.

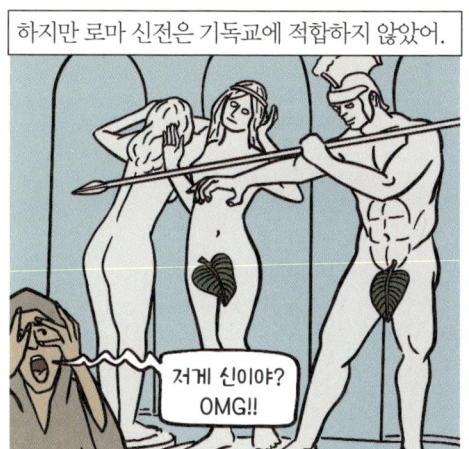

10) **Bysantium** : BC 667년에 설립된 고대 그리스 도시. 이후 로마 시대에는 '콘스탄티노플'이라는 이름으로 비잔틴 제국의 중심지가 됐다.

11) 동로마 제국(비잔티움 제국)은 서로마 제국 멸망 후에도 약 1천 년간 지속하며 경제적·문화적으로 발전했고, 특히 6세기 유스티니아누스 황제 때 전성기를 이뤘다. 그러나 이슬람 세력 등의 침입으로 세력이 약화돼 1453년 오스만 제국의 침공으로 멸망했다.

토막 건축 상식

하기아 소피아 대성당

동로마에서 콘스탄티누스 황제의 뒤를 이은 유스티니아누스 황제는 스스로 로마의 적통임을 주장했다. 그는 로마법에 근거하여 『시민법전』을 만들고, 로마의 영토를 되찾고자 전쟁을 이어갔다. 그리고 로마제국의 중심을 동로마 이스탄불로 가져올 성당 건축을 원했다. 건축가 안테미우스와 수학자 이시도루스는 황제의 야망에 부합하기 위해 로마의 판테온 신전에서 영감을 얻었다. 만여 명의 기술자를 동원해 사각형 천장에 원형 돔을 얹으려고 했다. 사각 평면 위에 원형 돔을 얹으면 구조적인 문제가 생긴다. 이 문제를 해결하고자 '펜덴티브 돔(pendentive dome)'을 고안해 냈다. 그렇게 해서 역사상 가장 위대한 건축물 중 하나가 탄생했다. 이 성당이 바로 '세기의 기적'이라고 불리는 이스탄불의 '하기아 소피아 대성당'(532-537)이다. 천장의 돔 아래 드럼에 난 40개의 창으로 들어오는 빛은 천상의 공간을 만들어낸다. 여기서도 건축은 물질의 세계가 아니라 영적인 세계가 된다.

하기아 소피아처럼 그리스 십자가형 평면, 펜덴티브 돔 구조, 화려한 모자이크 장식이 동로마 교회 건축의 전형이다. 오늘날 이 건축 양식을 '비잔틴 건축'이라고 부른다.

사각 평면에 돔을 올리기 위해
고안된 펜덴티브 돔 구조

가로, 세로 길이가 비슷한
그리스 십자가 형태의
하기아 소피아 대성당 평면

불에 구운 색유리 조각을 붙여 만든
성상(聖像) 모자이크

12) Frankenreich : 서로마제국을 멸망시킨 게르만족이 세운 나라.

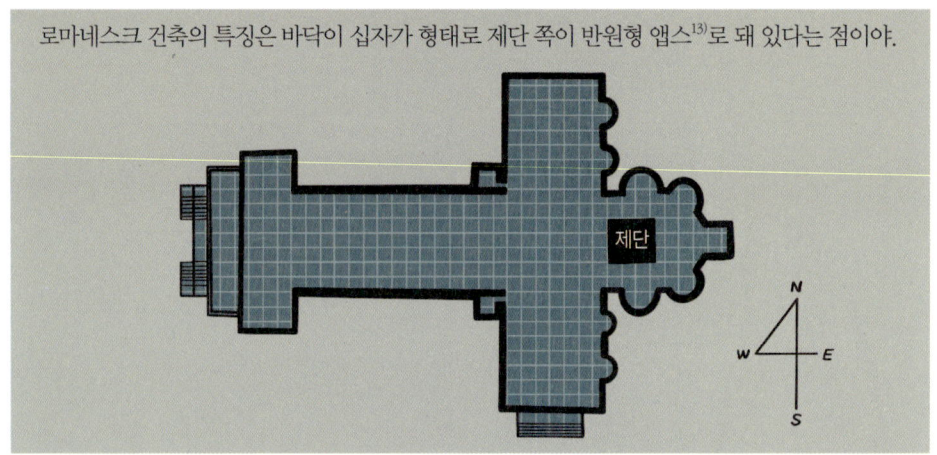

13) Apse : 건물이나 방에 부속된 반원 또는 반원에 가까운 다각형 모양의 내부 공간.
14) Rib Groin Vault : 그로인 볼트에 뼈대를 덧대 강화한 구조.

15) Flying Buttress : 볼트나 아치 또는 지붕이 받는 수평력의 일부를 분산하고자 설치한 아치형 버팀벽.

이렇게 서로마제국 멸망 후 고딕 양식으로 이어지는 12세기까지 약 700년간의 건축 양식을 '로마네스크 건축 양식'이라고 부른단다.

로마 시대 건물 바실리카를 바탕으로 시작됐기에 로마네스크 건축이라고 부르지.

로마네스크는 '로마 양식' 이라는 뜻이죠?

다음 장에서는 리브 그로인 볼트가 연출하는 더 웅장한 실내와 커다란 스테인드글라스 창을 통해 뿜어져 나오는 찬란한 빛으로 신의 나라를 엿보게 했던 고딕 양식에 관해 알아보자.

토막 건축 상식

왕의 후원으로 번창하고 부유해지자, 교회는 세속화되고 결국 타락했다. 이에 교회를 개혁하려는 수도원들이 생겨났지만, 이들 역시 부유해지자 청빈한 삶 대신 웅장한 성당 건립에 열을 올렸다.

1088년 수도원 중에서 규모가 가장 큰 클뤼니 수도원은 유럽 어디에도 없던 8개 탑이 있는 대성당을 건축했다. 이 수도원 성당은 수백 년 동안 유럽에서 가장 큰 성당이었으나 1789년 프랑스 대혁명 때 분노한 민중에 의해 파괴되고 현재는 8개 탑 중 하나만 남아 있다.

7
신의 창조가 계속되는 건축

고딕 건축

16) Scholasticism : 중세 후반에 신학과 철학, 신앙과 이성, 자연과 인간을 조화시킴으로써 그리스도교의 교리를 철학적으로 논증하고 합리적으로 설명하려는 스콜라 철학이 등장했다. 대표자는 토마스 아퀴나스이다. 처음에는 아리스토텔레스의 철학을 받아들였으나 후에는 종교적 차원으로 발전시켰다.

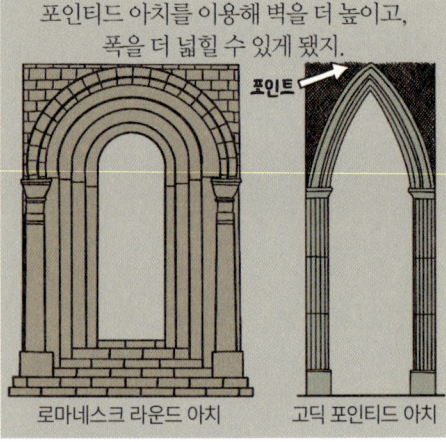
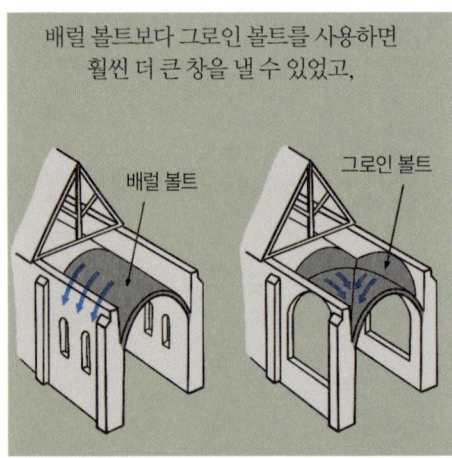
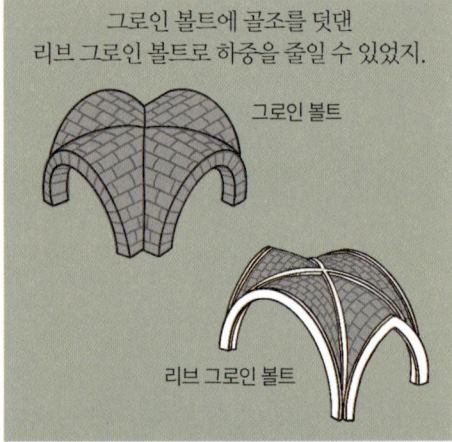

17) 가장 높은 고딕 건축물은 16세기 독일 울름에 건축한 대성당(Ulm Minster Cathedral)이다. 원래 낮았던 첨탑을 1880년에 현재의 첨탑으로 개축해 높이가 161.5m에 달한다.

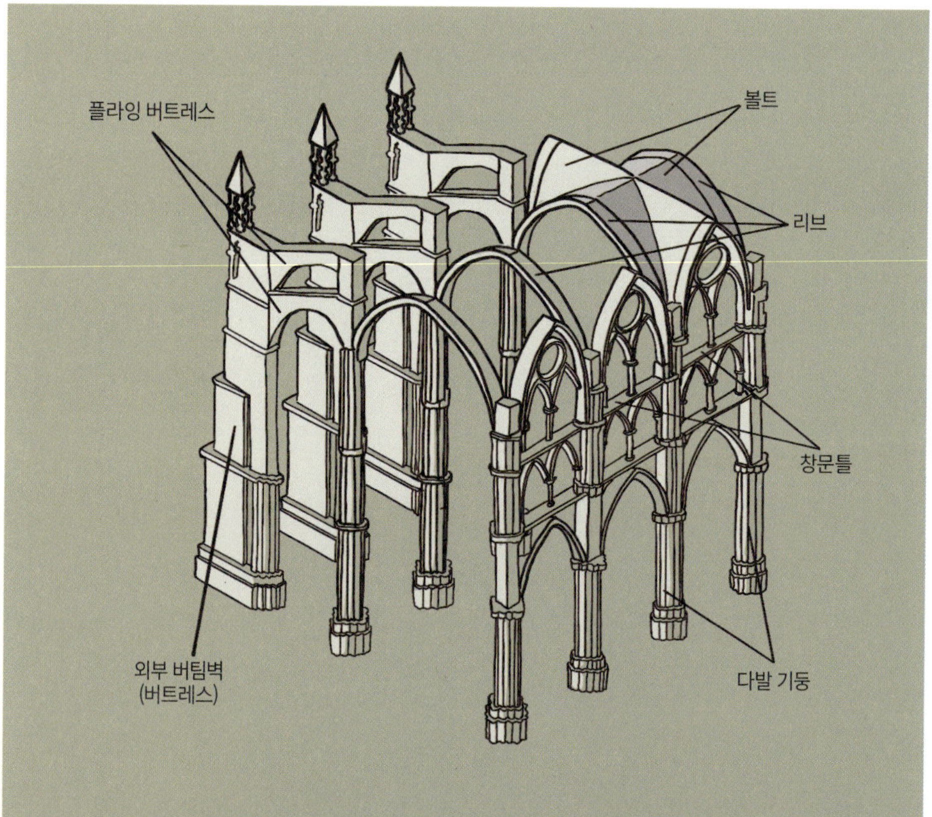

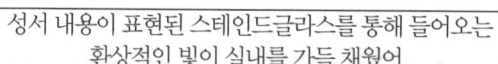

모든 요소가 균형과 절묘한 힘의 배분을 위해 고안됐기에 높은 건물의 무게를 분산하고, 큰 창도 많이 낼 수 있었어. 창에는 아름다운 스테인드글라스를 끼웠지.

18) Curtain Wall : 강철로 기둥을 세우고 유리로 벽을 세운 현대적인 건축 양식. 커튼월은 통유리와 동의어가 아니다. 통유리를 사용하기도 하지만, 유리 판을 격자 모양으로 배치해서 사용할 수도 있다. 커튼월이 적용된 대표적 건물로는 63빌딩, 롯데월드타워, 해운대 엘시티 등이 있다.

85

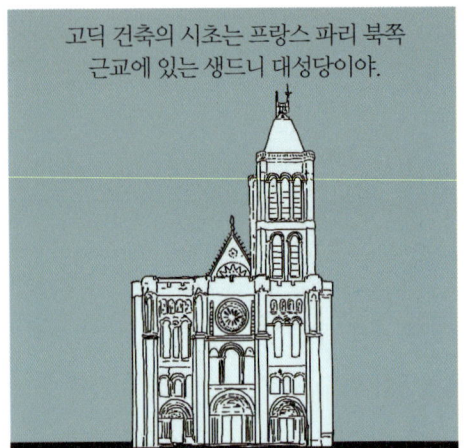

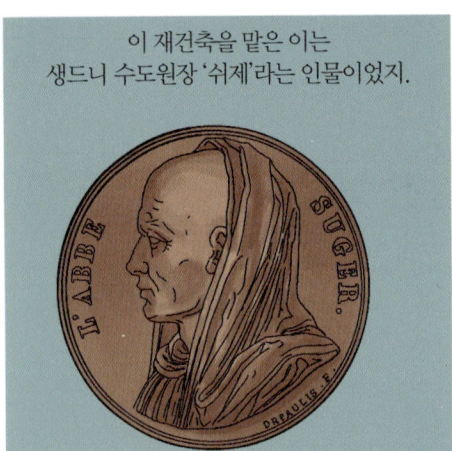

19) 원래 생드니 성당은 475년에 지어진 작은 성당이었다. 7세기에 확장되고 1135년에 쉬제에 의해 고딕 양식으로 재건됐다. 1837년 벼락을 맞은 북쪽 첨탑은 1847년에 철거됐다.

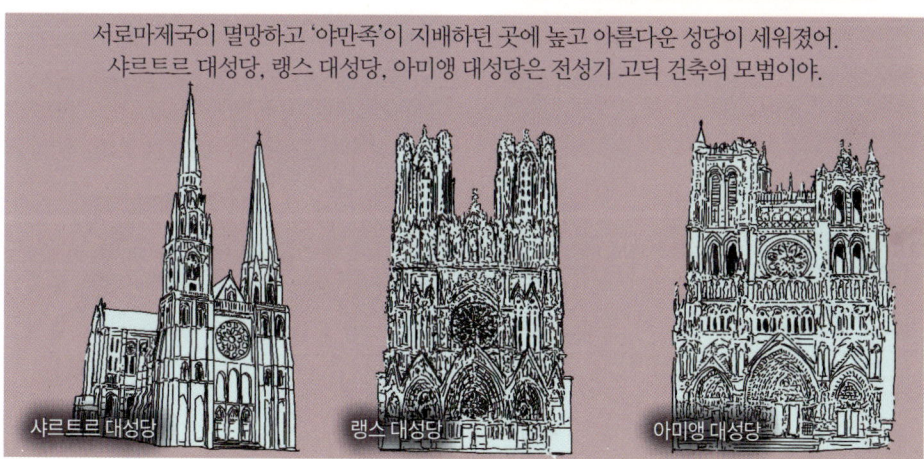

20) Saint Dionysius : 제1대 파리 대교구의 주교. 로마 황제 데키우스의 가톨릭 박해로 250년 경 몽마르트르 언덕에서 참수당했다. 전설에 따르면 잘린 자신의 머리를 들고 지금의 생드니 성당 터까지 걸어갔다고 한다.

토막 건축 상식

'고딕(Gothic)'은 '고트족(Goth)의'라는 뜻이다. 16세기 르네상스 시대의 관점에서 예술사학자인 조르조 바사리(Giorgio Vasari)가 중세의 '찬란한' 건축양식을 야만적인 고트족의 건축물 같다는, 폄하의 의미로 붙인 이름이다. 『르네상스 미술가 평전』을 저술한 그는 르네상스 미술사학의 아버지라고 평가받는 학자이며 화가, 건축가였다. 그는 '르네상스'의 기원이 된 '레나시타(renascita)'와 '고딕', '비잔틴 양식' 등의 표현을 사용해 미술사를 정리했다. 이런 바사리를 최초의 미술 역사가로 부르기도 한다.

이렇게 '고딕 건축'이라는 이름은 후세에 붙여진 이름이다. 역사가들은 근대 이전 건축을 그리스 로마 건축, 초기 기독교 건축, 로마네스크 건축, 고딕 건축, 르네상스 건축, 바로크 건축(프랑스에서는 로코코 건축)으로 구분한다.

로마네스크 양식에서 고딕 건축 양식까지 등장한 중세는 서기 1500년까지, 약 1,000~1,200년간 지속했다. 고딕 건축의 요소는 로마네스크 중기에 나타났다. 로마네스크 건축 양식도 고딕 건축이 한창 유행하던 시기에 여전히 존재했다.

조르조 바사리
(1511-1574)

천재 선조들이 꽃피웠던 고대 그리스 로마 문화를 되살려 위대한 예술을 실현하자.

8
누구를 위한 건축인가?
르네상스 건축

21) 이 도시국가들은 1861년에야 통일돼 오늘날의 이탈리아가 탄생했어. 로마는 1870년 통일국가 이탈리아의 수도가 됐어.

22) Avignonese Captivity : 1309-1377년 프랑스 왕 필리프 4세가 교황청을 로마에서 프랑스 남부 아비뇽으로 강제 이전한 사건.
23) 한때 인구 100만 명 도시였던 로마제국의 수도 로마는 서로마제국 멸망 후 인구 5만의 소도시로 전락했다.

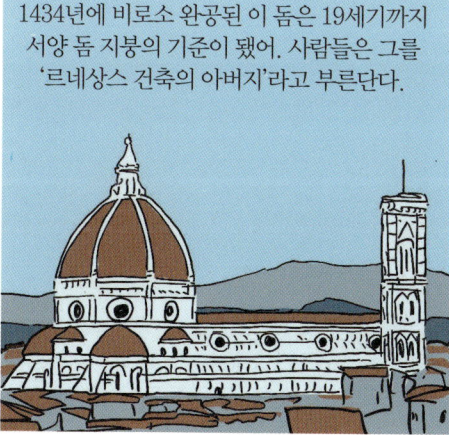

24) 전통적으로 원형 기둥은 주로 신전 건축에, 원형 돔은 성당 건축에 사용됐다.

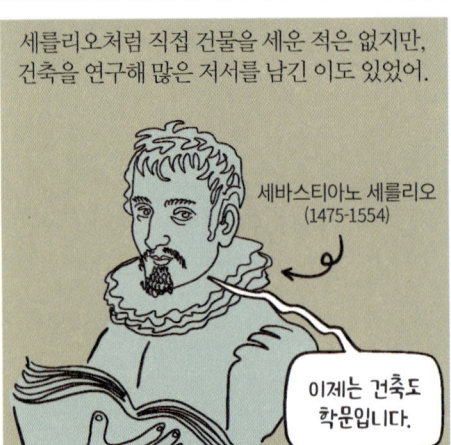

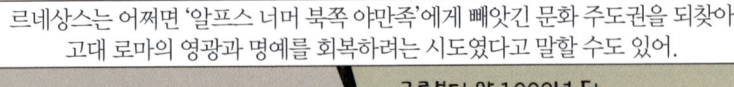

토막 건축 상식

레온 바티스타 알베르티(1404-1472)는 르네상스 건축 이론을 최초로 종합하고 정리했다. 그의 저서 『건축에 대하여』는 활자로 인쇄된 최초의 건축서이다.

도나토 다뇰로 브라만테(1444-1514)는 성 베드로 대성당 건축에 일생을 바쳤다. 전성기 르네상스의 대표 건축가이다.

미켈란젤로 부오나로티(1475-1564)는 당대 최고의 조각가이자 화가였다. 건축가로서도 베드로 대성당, 산로렌초 교회, 라우렌치아나 도서관 계단실 등 르네상스 후기 대표적인 건축물을 남겼다.

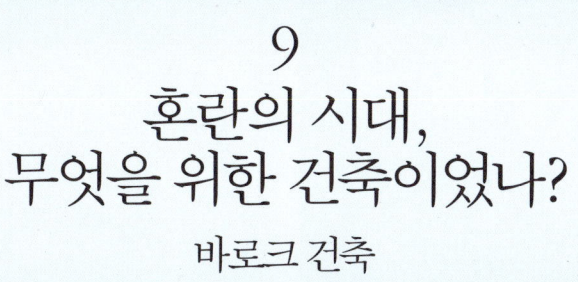

9
혼란의 시대,
무엇을 위한 건축이었나?

바로크 건축

토막 건축 상식

프랑스에서 '로코코(rococo)'라고 불렀던 바로크 양식은 17~18세기 이탈리아를 중심으로 프랑스, 영국, 스페인 등 가톨릭이 융성했던 구교 국가에서 유행했다. 신교 세력이 강성했던 독일이나 북유럽에서는 뒤늦게 나타났다.

'바로크(Baroque)'라는 말은 포르투갈어의 진주 세공 용어로 '비뚤어진 진주' 혹은 변칙, 이상한 모양, 기묘함 등을 뜻하고, 후세 학자들이 르네상스와 구별할 때 사용했다. 실제로 바로크 시대에는 둥근 진주보다 찌그러진 진주가 더 인기 있었다.

바로크 진주와 바로크 진주로 가공한 캐닝 보석(Canning Jewel)

25) Sacco di Roma(사코 디 로마) : 1527년에 일어난 로마 약탈 사건. 이 사건으로 교황은 도주하고, 로마는 폐허가 됐다.
26) Peace of Westfalen : 30년 전쟁을 종식한 유럽 최초의 국제 조약(1648). 이 조약으로 신교가 구교와 동등한 대우를 받게 됐다.

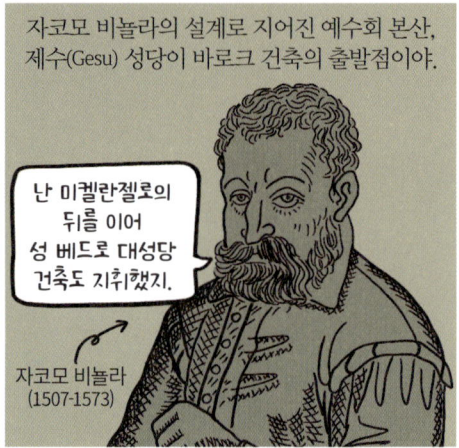

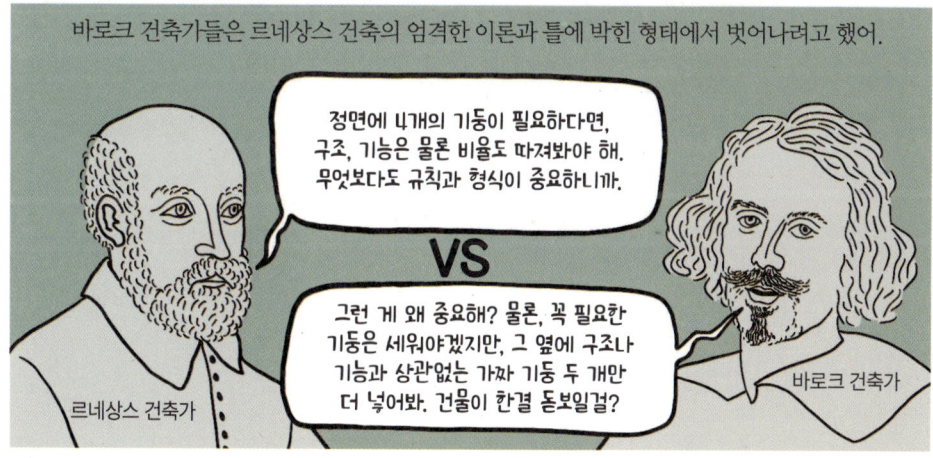

27) Bourgeois : 원래는 '성안에 사는 사람들'이라는 뜻이지만 해상 무역이나 상공업 등을 통해 부를 축적한 신흥 중산층을 의미한다. 부유한 시민 계급인 이들은 귀족과 성직자들에게만 면세 특권이 부여되고 자신이 무거운 세금 부담을 떠맡은 현실에 불만을 품고 1789년 프랑스 대혁명을 일으킨 주체 세력이 됐다.

프랑스 미술 비평가 롤랑 프레아르 드 샹브레는 1650년에 발간한 책 『고대 건축과 현대 건축[28]의 비교』에서 다음과 같이 바로크 건축을 비판했어.

"그들은 대가가 되려면 반드시 새로운 것을 만들어내야 한다고 생각한다. 특별히 코니스(지붕 처마 끝을 장식하는 요소)나 다른 종류를 기괴하게 만들면서 새로운 양식을 만들었다고 생각하는 그들은 가련한 사람들이다."[29]

롤랑 프레아르 드 샹브레
(1606-1676)

또, 미술 이론가 하인리히 뵐플린은 이렇게 말했지.

"환상, 이상한 것, 화려함, 등 과거에 알려지지 않았던 몇 가지 개념이 이제 예술 평론가들에 의해 미의 기준으로 부상했다. 사람들은 독특한 것, 규칙을 뛰어넘는 것에서 즐거움을 느끼게 됐다. 비정형 미술의 매력이 작용하기 시작한 것이다."[30]

하인리히 뵐플린
(1864-1945)

바로크는 건축에서 파격을 보여줬어.

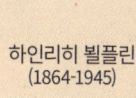
파격, 파격, 화이팅!

피에트로 다 코르토나
구아리노 구아리니
잔 로렌초 베르니니
미켈란젤로 부오나로티
프란체스코 보로미니

파격을 추구하던 바로크 건축은 시민혁명과 이성에 대한 믿음을 강조하는 계몽사상이 등장하자 18세기 중반 유행에서 멀어졌지.

---

28) 여기서 현대 건축은 1650년 동시대 바로크 건축을 뜻한다.
29) 『바로크의 꿈』 시공 디스커버리 총서 132쪽.
30) 『바로크의 꿈』 시공 디스커버리 총서 143쪽.

10
근대로 넘어가는
전환기 건축

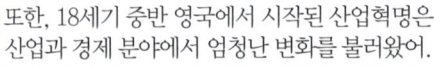

31) Luddite Movement : 19세기 초, 영국에서 방직 기계의 등장으로 실직을 우려한 노동자들이 일으킨 기계 파괴 운동.

32) Galleria Vittorio Emanuele II : 건축가 주세페 멘고니가 1867년 이탈리아 밀라노에 완공한 대규모 쇼핑 상가로 지금도 쇼핑몰로 사용된다.

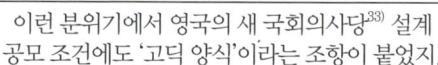

33) 영국 의회가 열리던 웨스트민스터 궁이 화재로 소실되자 새 국회의사당 건축 설계를 공모했다. 건축가 찰스 배리와 오거스터스 웰비 노트모어 퓨진의 네오고딕 양식이 채택됐고 1840년에 착공해 20년간 공사해서 완공했다.

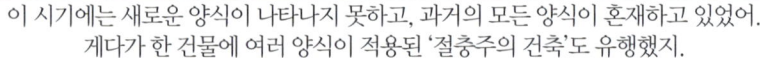

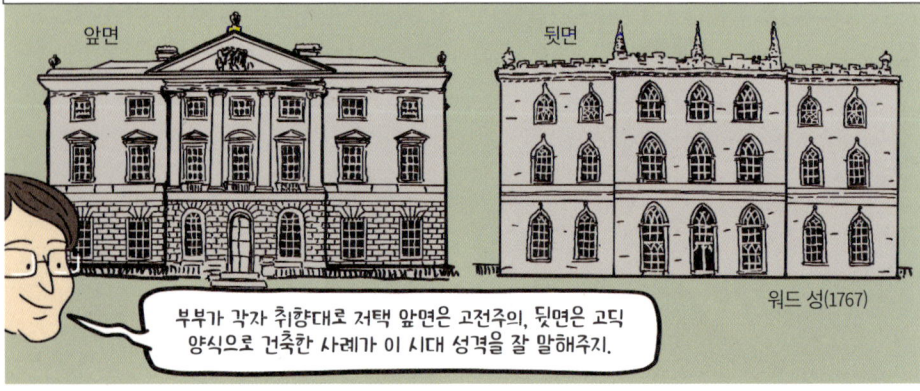

토막 건축 상식

신고전주의 팔라디오 양식은 르네상스 대표적인 건축가 안드레아 팔라디오의 건축을 모방한 양식이다. 엄격한 비례에 따른 대칭 형태가 특징이다. 권위 있는 분위기의 관청이나 공공기관 건축 디자인에 자주 사용됐다.

19세기 후반 프랑스는 '벨에포크(Belle Époque)'라고 부르는, 역사상 가장 평화로운 번영의 시기를 맞고 있었다. 1889년 파리 만국박람회에서 인기를 끌었던 에펠탑은 신세대를 알리는 새로운 고딕 양식의 탑이라고 할 수 있다. 고딕 건축에서 구조를 노출했던 것처럼 격자 모양의 강철 구조가 그대로 노출된 건축물이다. 에펠탑은 새로운 건축의 구조미와 공간과 장식의 가능성을 보여주면서 그때까지 가장 높았던 고딕 성당의 탑을 추월해서 세계에서 가장 높은 탑이 됐다.

가우디는 직선이 없는 물결치는 모양과 기울어진 기둥으로 된 포물면과 쌍곡면, 나선면 등을 사용해서 언뜻 보기에는 불규칙하고 복잡한 형태를 만들었다. 그는 자연의 형태를 깊이 관찰하고, 거기서 출발해서 구조적으로 안전한 창의적 형태와 공간을 창조했다. 조개와 꽃잎, 뼈, 식물, 연골, 날개 같은 자연 형태를 응용했고, 독특하고 화려한 색의 모자이크 타일로 공상적인 장식을 만들어 사용했다. 대표작으로 스페인 바르셀로나에 백 년 넘게 아직도 건축 중인 사그라다 파밀리아 성당이 있다. 카사밀라, 구엘 공원은 가우디의 적극적인 후원자였던 구엘 백작을 위한 건축이었다. 가우디는 건축사에서 매우 독특하고 창의성 있는 작품을 여럿 남겼다.

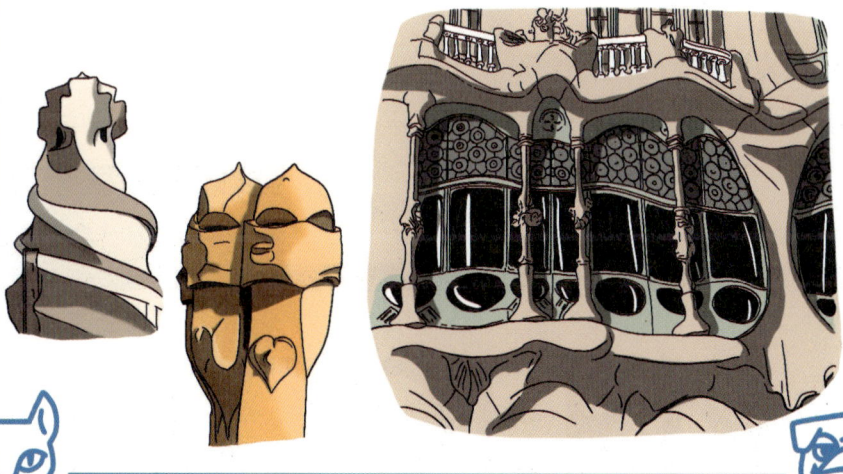

11
근대(모더니즘) 건축의 태동

MODERN

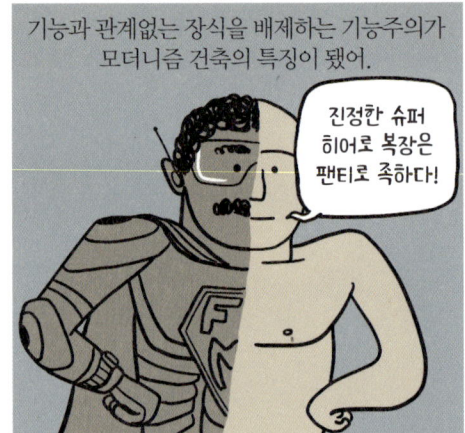

안토니오 산텔리아
새로운 도시(La Citta Nuova)의 청사진

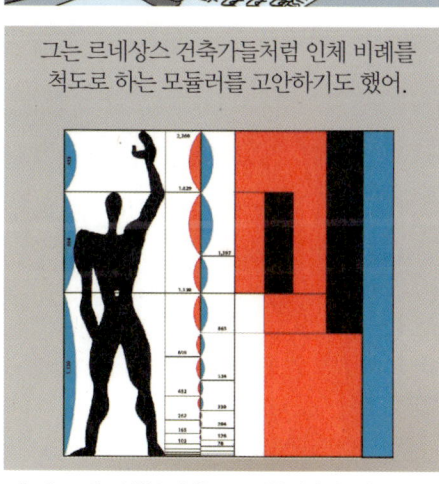

34) Piloti : 열주(列柱). 원래는 종교 건축에서 사용하는 늘어선 기둥을 뜻한다.
35) 立面 : 정면, 측면 따위에서 수평으로 본 모양. '자유로운 입면'이란 입면이 하중과 무관한 건축 구조로 건축가가 자유롭게 구성할 수 있다는 의미이다.
36) Unité d'habitation : 르 코르뷔지에가 1952년 프랑스 마르세유에서 완공한 세계 최초의 아파트. 제한된 자원으로 가장 많은 사람이 효율적으로 지낼 수 있는 공간을 만들고자 고민한 결과물. 유네스코 세계문화유산으로 등재됐다.

토막 건축 상식

모더니즘 건축의 4대 선구자로 프랭크 로이드 라이트, 르 코르뷔지에, 발터 그로피우스, 미스 반 데어 로에를 꼽는다.

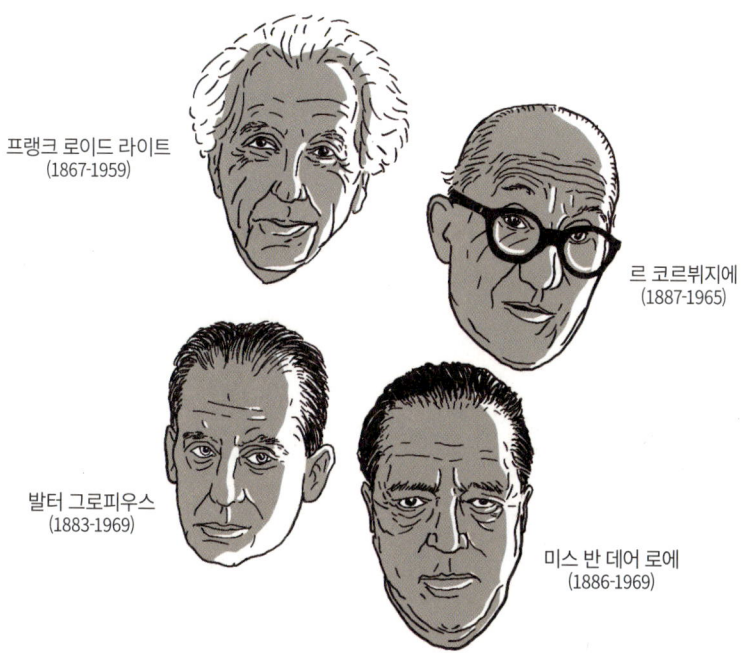

프랭크 로이드 라이트
(1867-1959)

르 코르뷔지에
(1887-1965)

발터 그로피우스
(1883-1969)

미스 반 데어 로에
(1886-1969)

'건축계의 노벨상'으로 불리는 프리츠커상은 미국의 호텔 재벌인 프리츠커 가문이 운영하는 하얏트 재단이 주관하는 상으로, 1979년 1회 수상을 시작으로 매년 '건축 예술을 통해 재능과 비전을 보여주고, 인간과 건축 환경에 대한 건축가의 책임감으로 꾸준히 기여하고 생존한 건축가'에게 수여한다. 상금이 십만 달러이다. 주로 이름이 알려진 유명한 건축가들을 선정했으나 최근에는 공공성과 사회성이 돋보이는 건축가를 선정하는 경향을 보인다.

12
지역주의, 포스트 모더니즘, 다양한 'ism' 건축

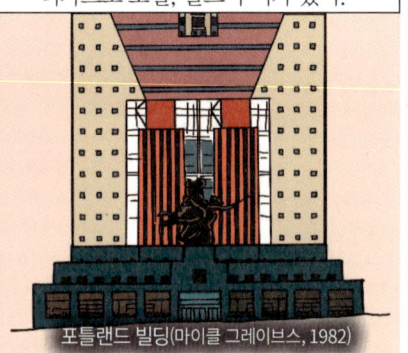

대표적인 포스트 모던 건축가로는 로버트 벤투리, 마이클 그레이브스, 리카르도 보필, 찰스 무어가 있어.

바나 벤투리 하우스(로버트 벤투리, 1964)

이탈리아 광장(찰스 무어, 1978)

포틀랜드 빌딩(마이클 그레이브스, 1982)

필립 존슨처럼 모던 건축에서 포스트 모던 건축으로 전환한 건축가도 있지.

필립 존슨 (1906-2005)

제가 바로 제1회 프리츠커상 수상자입니다!

20세기 후반 세계 건축계의 주된 흐름은 포스트 모더니즘이야.

그런데도, 한국에서는 포스트 모던 건축가와 작품을 보기가 어려워.

이런 반응은 별로 재미있지 않은데?

메타볼리즘(Metabolism) 건축

일찍이 서구 문명을 받아들인 일본은 2차 대전 무렵 이미 세계적 강대국이 됐지.

비록 2차 대전에서는 패했지만, 한국 전쟁을 계기로 다시 경제 강국이 됐어.

"다시 힘 좀 써볼까나!"

이 시기 건축가들이 실험적 건축을 선보였어.

일본은 건축 분야에서 서구를 뛰어넘는 독창적인 건축을 실현하려고 했지.

일본 전통 건축과 조화를 이루면서도 혁신적인 건축을 실현하려고 했어.

"먼가가 나올 것 같아!"

결국, 생물이 신진대사를 통해 성장하듯 건축도 경제성장에 따라 유동적으로 변화한다는 메타볼리즘 건축을 선보였지.

"건물이 생명체처럼 신진대사를 한다고요?"

현대 기술을 활용하면서 일본 고유의 문화 정체성을 살리려고 노력한 결과였어.

"가장 일본적인 것이 가장 세계적인 것이므니다."

37) Louis Kahn : 미국 필라델피아를 중심으로 활동한 후기 모더니즘 건축의 대가. 대표작으로 방글라데시 국회의사당, 소크 연구소, 킴벨 미술관 등이 있다.

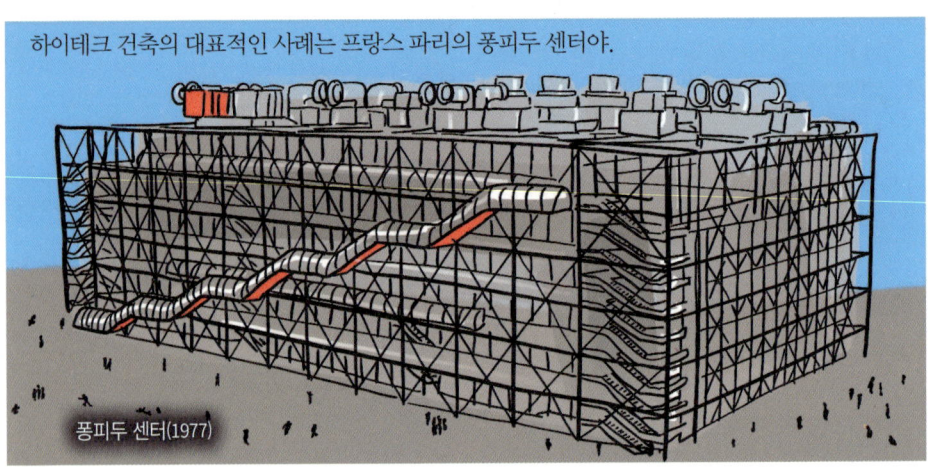

하이테크 건축의 대표적인 사례는 프랑스 파리의 퐁피두 센터야.

퐁피두 센터(1977)

하이테크 건축은 1980년대 이후 세계적인 관심을 끌었지만, 일반 건축보다 공사비가 많이 들고 완공 후 관리 비용이 많이 드는 탓에 널리 적용되지는 못했어. 아래는 대표적인 건축가들이야.

렌조 피아노 (1937-)
리차드 로저스 (1933-2021)
노먼 포스터 (1935-)
마이클 홉킨스 (1935-2023)
니콜라스 그림쇼 (1939-)
장 누벨 (1945-)

토막 건축 상식

"설계자 구상대로 진행하게 합시다!"

조르주 퐁피두 (1911-1974)

퐁피두 센터의 이름은 미술관 건립을 시작한 프랑스 대통령 조르주 퐁피두에서 비롯했다. 미국이 문화예술 시장을 주도하자, 프랑스는 새로운 현대 미술관을 짓기로 했다. 국제 공모를 거쳐 무명의 30대 렌조 피아노와 리처드 로저스가 설계한 작품이 선정됐다.

공장 같은 모습에 반대 여론이 많았지만, 퐁피두 대통령의 전폭적인 지원으로 원안대로 완공됐다. 홀대받던 에펠탑이 파리의 상징이 됐듯이 퐁피두센터도 현대 건축의 상징이 됐다.

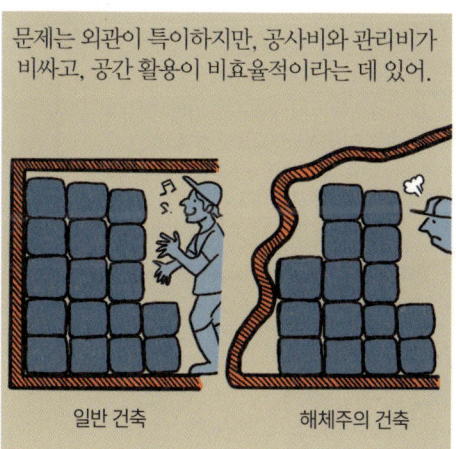

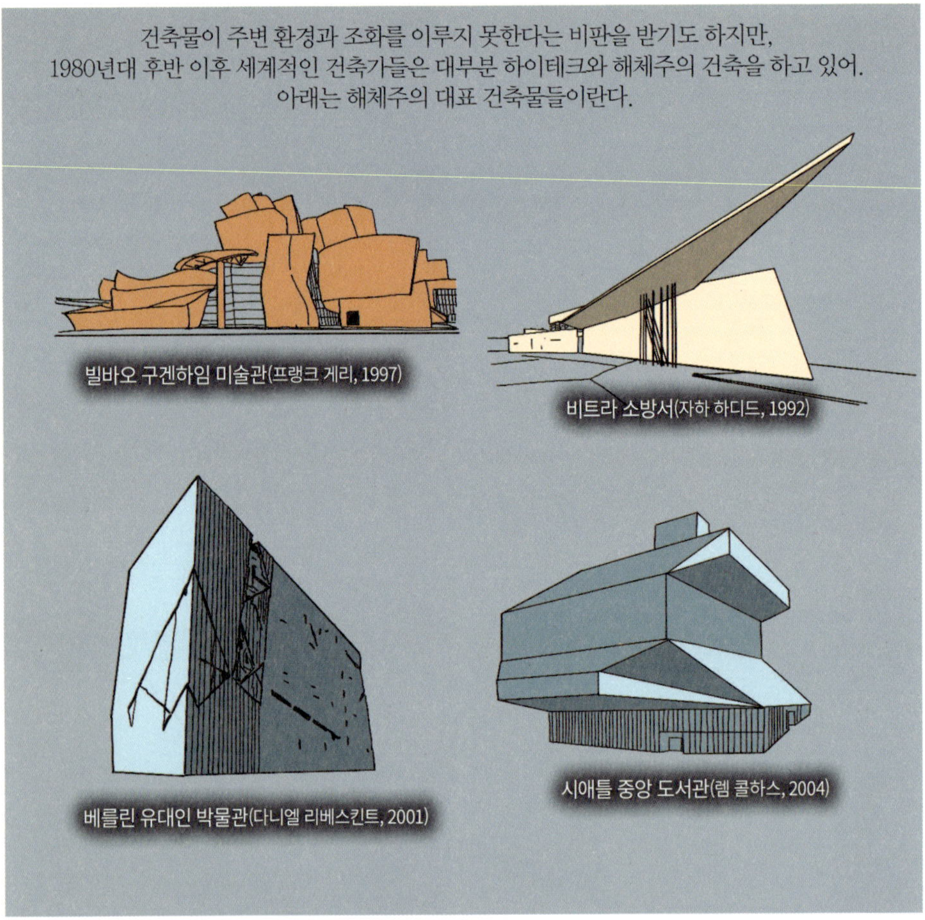

건축물이 주변 환경과 조화를 이루지 못한다는 비판을 받기도 하지만,
1980년대 후반 이후 세계적인 건축가들은 대부분 하이테크와 해체주의 건축을 하고 있어.
아래는 해체주의 대표 건축물들이란다.

빌바오 구겐하임 미술관(프랭크 게리, 1997)

비트라 소방서(자하 하디드, 1992)

베를린 유대인 박물관(다니엘 리베스킨트, 2001)

시애틀 중앙 도서관(렘 콜하스, 2004)

이 밖에도
피터 아이젠만의 콜럼버스 컨벤션센터,
쿱힘멜블라우의 그로닝겐 박물관,
베르나르 추미의 파리 라빌레트 공원 같은
건축물도 있단다. 이 분야에 관심 있으면,
인터넷에서 직접 자료를 찾아보렴.

• 토막 건축 상식 •

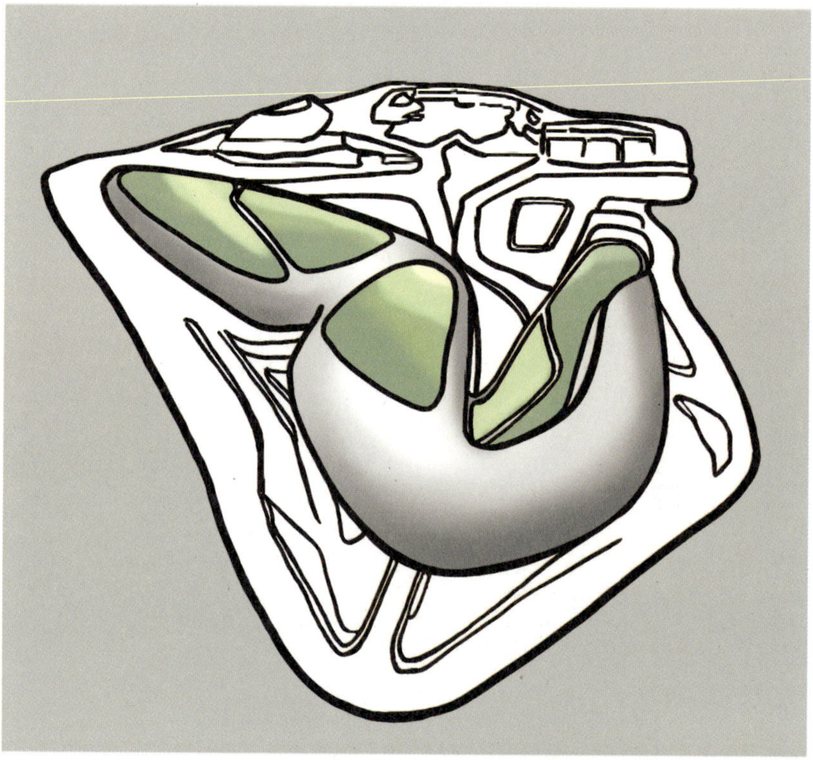

한국에 '해체주의 건축가'라고 부를 만한 인물은 없지만, 외국 건축가의 해체주의 건축물은 있다. 쿱힘 멜블라우의 부산 영화의 전당, 자하 하디드의 동대문 DDP, 다니엘 리베스킨트의 삼성동 현대산업 빌딩, 렘 콜하우스의 서울대학교 미술관 등이 그것이다.

특히, 동대문 DDP는 동대문 운동장의 역사적 맥락을 무시한 디자인으로, 일반 건물보다 4-5배 많은 공사비, 불명확한 사용 목적으로 비난받았다. 그래도 이제는 서울의 랜드마크가 됐다.

13
뿌리 깊은 전통 건축 탐구

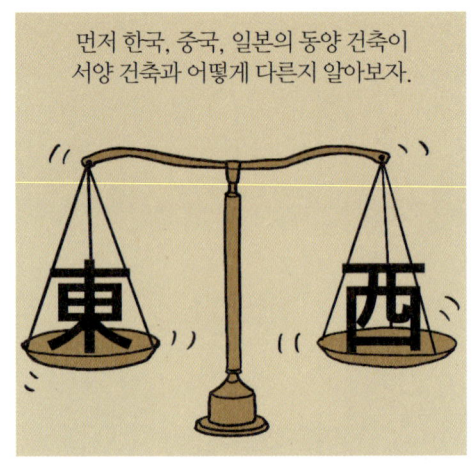

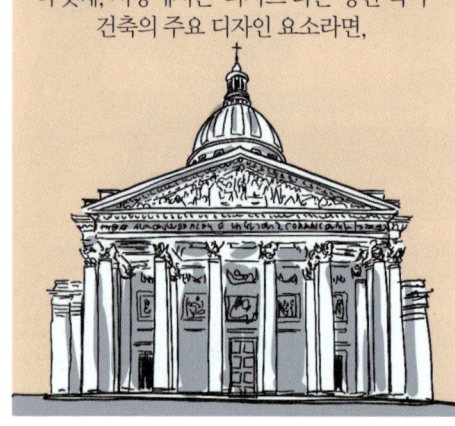

38) 風水地理 : 인간의 활동 영역을 자연 환경과 결부시키는 동양의 사상이다. 무덤 자리를 정할 때도 풍수지리설을 따랐다. 묫자리를 정하는 것을 음택, 집터를 정하는 것을 양택이라고 한다.

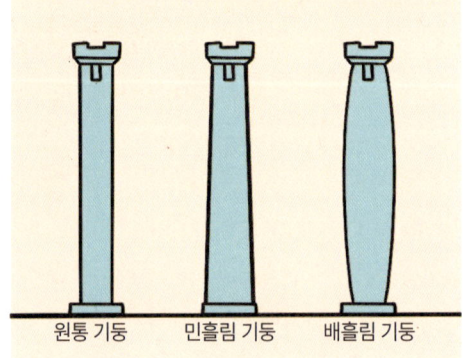

 ## 토막 건축 상식

중국의 가장 오래된 목조 건축물은 남선사(南禪寺) 대전이다. 782년에 건립된 정면 3칸 측면 3칸으로 주심포 형식 팔각 지붕으로 돼 있다. 봉정사 극락전과 공포의 형태가 유사하다.

일본의 가장 오래된 목조 건축물은 나라현 호류지(法隆寺) 금당과 오층석탑이다. 백제인의 기술로 607년에 지어졌다. 부여에 있는 백제문화단지의 건축물과 닮았다.

공포(栱包)는 처마를 길게 하고, 지붕 무게를 기둥에 전달할 목적으로 만든 구조물이야. 공포 양식에는 공포가 기둥 위에 있는 주심포식(柱心包式)과 공포가 기둥과 기둥 사이에 있는 다포식(多包式), 공포 형태가 새 날개처럼 생긴 익공식(翼工式)이 있어.

주심포식 / 다포식 / 익공식

39) 배산임수(背山臨水) / 40) 배수임산(背水臨山)

토막 건축 상식

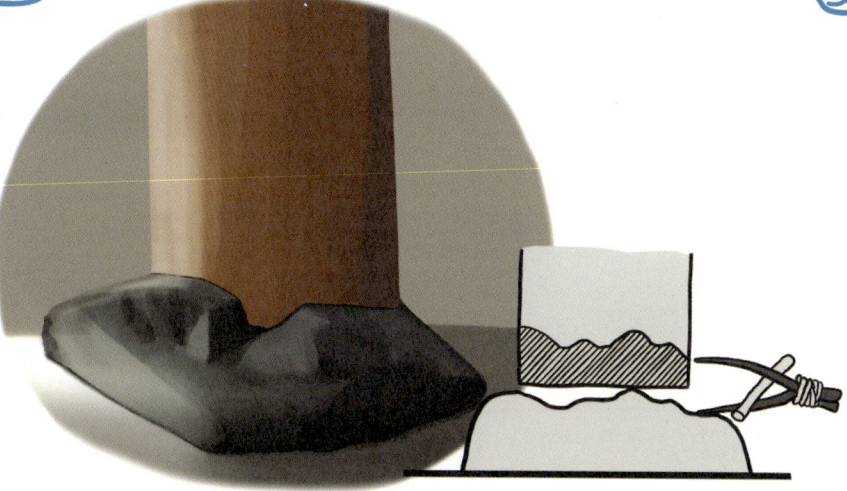

덤벙주초는 나무 기둥을 받친 자연 상태 그대로의 돌이다. 표면을 가공해서 평평하게 만들지 않고, 울퉁불퉁한 상태로 그 위에 나무기둥을 세우려면, 나무 기둥 밑면을 돌의 표면 형태에 맞도록 정교하게 가공해야 한다. 이런 방법을 '그랭이질'이라고 한다. 한국인은 유달리 자연스러움을 좋아했다.

163

한옥의 아름다움은 지붕과 처마의 곡선미에 있다고 해도 지나친 말이 아니야.
특히 중국과 일본 지붕과 비교해보면, 한옥 지붕의 우아하고 자연스러운 곡선이 돋보인단다.

초가집은 흙벽이나 돌벽 위에 나무로 지붕틀을 만든 다음, 짚을 엮어서 지붕을 얹은 집이야.

41) 프랑스 친환경 건축가.

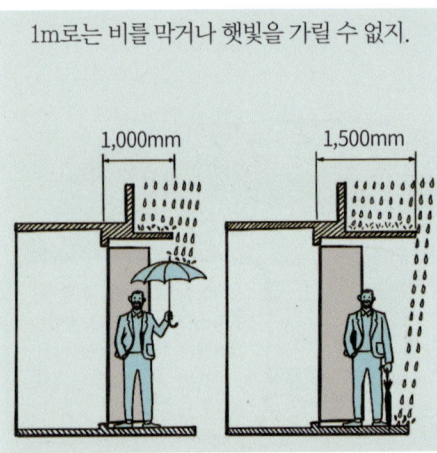

42) 法古創新 : 옛 법을 바탕으로 새로운 것을 창안해 낸다는 뜻.

토막 건축 상식

(구)공간사옥

김수근(1931-1986)

왜색 논란 후 김수근은 전국을 답사하며 전통 건축과 현대 건축의 접목을 통해 자신의 건축관을 형성해갔다. 그 결과가 현재 아리오 미술관으로 사용하는 원서동 소재 (구)공간 사옥이다.

김중업은 프랑스에서 근대 건축의 거장 르 코르뷔지에 사무실에서 수련하고 귀국한 뒤에 전통 한옥의 형태를 오마주한 서울의 프랑스 대사관 건물을 설계했다. 김수근이 주로 전통 건축의 공간 구성을 현대 건축에 응용하려고 했다면, 김중업은 주로 형태 관점에서 전통 건축을 탐구했다.

김수근의 (구)공간 사옥과 김중업의 주한 프랑스 대사관은 한국 근현대 건축의 대표작으로 손꼽힌다.

김중업 (1922-1988)

주한 프랑스 대사관

14
콘크리트보다 친환경 재료!
(Less Concrete, More Earth)

43) 화재에 대비해 궁궐 정전 같은 중요한 목조 건물 네 모서리에 방화수를 담아 놓는, 청동이나 돌로 만든 큰 그릇.

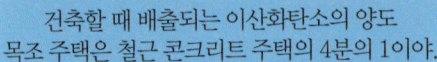

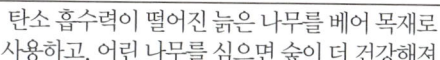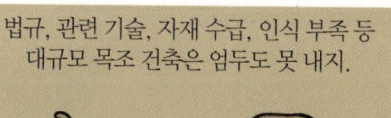

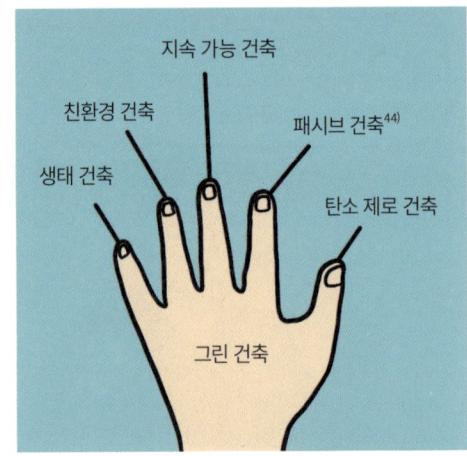

44) Passive Architecture : 에어컨, 보일러 같은 기계적 방식을 지양하고, 단열재 같은 건축 재료를 적극 사용해서 에너지를 절감하면서 쾌적한 주거 공간을 만드는 건축을 말한다.

건축주

건축주는 건물주와 달라. 건물주가 건물을 소유한 사람이라면, 건축주는 건축을 의뢰한 사람이야.

내가 이 건물을 작년에 샀소.
건물주

이런 집을 지어줘요.
건축주

르네상스 시대에 건축주는 주로 군주였어. 이들은 재능 있는 건축가를 발굴하고 후원했지. 르네상스 건축의 발전에는 이런 군주들의 역할이 컸어.

그 친구 추원할 만해?

별로!

오! 구엘 백작님, 나의 후원자여!

가우디 선생, 필요한 게 있으시군!

스페인의 건축가 가우디에게는 후원자 구엘 백작이 있었지. 그는 일찍이 가우디의 재능을 알아보고 후원했단다. 구엘 백작이 없었다면 가우디는 걸작을 남기지 못했을 거야. 이처럼 훌륭한 건축주 역시 후대에 이름을 남기지.

왕이나 귀족, 성직자만이 건축주가 될 수 있었던 과거와 달리 오늘날에는 재력만 있으면 누구나 웅장하고 화려한 건축물의 건축주가 될 수 있어.

이번 미션은 세상에서 가장 넓은 집짓기! 구독, 좋아요는 필수!

건축주의 가치관, 자연관, 문화와 예술에 대한 이해 수준에 따라 건축의 수준이 달라져. 법으로 정한 건축 규정을 제외한 모든 것은 건축주가 정할 수 있어. 이렇게 건축주의 역할은 중요해.

에헴!

건축가

건축가는 건축주의 요구에 따라 설계하지만, 건축물은 자연과 사회의 일부이므로 '공공성'을 고려하지 않을 수 없어. 건축가는 자기 이상을 펼치게 해주는 건축주를 만났을 때 재능을 발휘할 수 있어.

건축가는 고대부터 있었지만, 12세기에 전문적인 건축가 집단이 등장했단다. 이들은 고도의 전문 지식을 갖춘 대가였기에 '독토르 라토모룸(돌의 박사)'이나 '마지스트리(명인)', 또 석공들을 대동하고 국경을 마음대로 넘나드는 특권을 가졌기에 '프리메이슨(자유로운 석공)' 등의 이름으로 불렸어. 이들은 상당한 지위를 누리고 대접받았다고 해. 이런 건축가의 위상이 얼마나 샘났으면 한 설교자의 불평이 1261년 기록으로 남아 있지.

건축가는 도면을 그리고, 실물에 가까운 모형을 만들어 건축주를 설득하지. 그래서 건축의 모든 정보를 담은 도면은 매우 중요해. 수십 년 혹은 백년 넘게 걸리는 공사에서 도면의 보존은 필수적이야. 오늘날에는 컴퓨터로 작업하지만, 고대에는 양피지나 석고판, 돌판에 도면을 그렸어. 설계도면은 건축가의 지적 재산권으로 보호받아.

건축이 시작되면 건축가는 건축 현장의 모든 작업을 마치 오케스트라의 지휘자처럼 지휘한단다.

건설인

작곡가가 아무리 좋은 곡을 작곡해도 연주자가 곡을 제대로 연주하지 못하면 실패하듯이, 건축가의 좋은 설계도 제대로 건설하지 못하면 실패한 건축물이 되고 말지.

건설인은 바로 다양한 건축 분야의 기술자들이야. 이들은 건축 설계에 따라 서로 협력해서 작업하고 문제를 해결하지.

건축이 성공하려면 적합한 도구, 양질의 건축 재료, 그리고 건설인의 숙련된 기술이 꼭 필요해. 건설인의 기술 정도에 따라 같은 디자인이라도 다른 결과가 나올 수 있어. 완공된 건축에서 장인의 숨결이 느껴진다면 성공한 건축이라 할 수 있지.

요즘은 공장에서 생산한 건축 재료를 현장에서 조립만 하는 사례가 늘고 있어. 이 경우는 모든 과정을 관리하는 건설관리 기술자가 건설인이야.

건축주 또한 건설인이 적절한 공사비로 건축할 수 있도록 해야 해. 합리적이지 않은 저가 공사는 반드시 부실 공사로 이어진단다. 부실 공사를 방지하는 여러 제도가 있지만, 건설인이 정직하지 못하면 효과가 없어. 건설인이 장인정신을 발휘할 때 훌륭한 건축물이 탄생해.

이처럼 건축주, 건축가, 건설인 삼박자가 잘 맞아야 좋은 건축이 나올 수 있단다.

이제 건축이 무엇인지 조금 알 것 같니?

누구나 한 번쯤은 자신만의 아름다운 집을 짓는 꿈을 꾸지. 그 꿈을 실제로 이루게 된다면, 많은 고민과 준비를 하고 건축을 하겠지? 그렇게 사람이 집을 짓지만, 집이 완성되고 나면, 집이 사람에게 영향을 끼친단다.

훌륭한 건축물은 시대가 변해도 사람을 감동하게 하지만, 잘못 지어진 집은 사람은 물론 자연 환경에도 해를 끼치지. 건축은 이렇게 중요한 거란다. 그러니 건축할 때는 모든 점을 꼼꼼히 살피고, 신중하게 결정해야 해.

하지만 관청에서 수월하게 건축 허가를 받으려고 필요한 법규만을 충족시킨, '사회와 환경에 대한 배려'라는 건축의 본질에 어긋난, 영혼 없는 건축도 있단다. 우리나라가 건축 선진국이 되려면 이런 건축부터 사라져야 해.

만일 네가 집을 짓는다면, 많은 사람을 감동하게 하고, 자연에 이로운 아름다운 집을 짓기를 바라, 꼭!

후기

이제 건축 얘기가 나오면, 가만히 계실 수 없을 겁니다

건축에 문외한인 제가 원고를 받아 내용을 이해하고, 구성하고, 그림 작업을 하고, 드디어 책으로 만들어지기까지 2년 넘게 걸렸습니다. 작업을 시작하고 1년쯤 지나 초안이 나왔을 때, 반응이 썩 좋지 않았습니다. 주제와 관련한 방대한 지식을 충분히 이해하지 못한 채 작업한 내용이 독자에게 제대로 전달될 수 없다는 결론에 이르렀습니다. 다시 원고를 읽고, 필자에게 확인하고, 인터넷을 뒤지고, 관련 서적을 탐독했습니다. 그렇게 조금씩 감을 잡아가며 지면을 채우고 작업은 마무리됐습니다.

이 책의 원고를 쓴 차태권 선생님은 시대별 건축 양식이 어떻게 탄생했는지, 당시 사람들이 건축을 통해 무엇을 표현하려 했는지, 또 오늘날 훌륭한 건축은 어떤 것이 되어야 하는지를 이야기합니다. 저는 그런 의도에 따라 내용을 되도록 쉽게 풀어내려고 했습니다. 왼쪽과 오른쪽을 구분할 정도의 지성을 갖췄다면, 충분히 재미를 느끼며 읽을 수 있게 말입니다.

이 작업을 통해 건축을 공부할 기회를 주신 차태권 선생님께 감사드

립니다. 늘 아낌없이 조언해주시는 이숲 출판사 이나무 주간님과 김문영 대표님께도 감사드립니다. 항상 미안한 마음이 앞서는 가족들에게도 고마운 마음 전하며 홀가분한 마음으로 작업 후기를 마칩니다.

독자 여러분,
저는 여러분이 이 책을 읽고 나면, 사람들과 건축에 관해 이야기할 때, 입이 근질거려서 절대 가만히 계실 수 없을 거라고 확신합니다!

2024년 5월 1일
구성하고 그린 이봉섭

아빠, 건축이 뭐예요?
1판 1쇄 발행일 2024년 6월 15일
글쓴이 | 차태권
구성하고 그린이 | 이봉섭
편집주간 | 이나무
디자인 | 이봉섭
펴낸이 | 김문영
펴낸곳 | 이숲
등록 | 2008년 3월 28일 제406-3010000251002008000086호
주소 | 경기도 파주시 산남동 91-104, 79호
전화 | 031-947-5580
팩스 | 02-6442-5581
홈페이지 | www.esoope.com
페이스북 | www.facebook.com/EsoopPublishing
인스타그램 | @esoop_publishing
Email | esoope@naver.com
ISBN | 979-11-91131-74-1 07540
© 이숲, 2024, printed in Korea.

▶ 이 책은 저작권자와의 독점계약으로 이숲에서 출간되었습니다.
저작권법에 의하여 국내에서 보호를 받는 저작물이므로 무단전재 및 복제를 금합니다.